U0185497

图书在版编目（CIP）数据

万物的本原：探秘元素王国 / 梅溪著；温强绘
. -- 杭州：浙江教育出版社，2024.2（2024.8重印）
ISBN 978-7-5722-7072-7

Ⅰ.①万… Ⅱ.①梅… ②温… Ⅲ.①化学元素－少
儿读物 Ⅳ.①O611-49

中国国家版本馆CIP数据核字(2023)第242220号

万物的本原：探秘元素王国
WANWU DE BENYUAN: TANMI YUANSU WANGGUO

梅 溪 著　　温 强 绘　　陈 凯 审校　　梅 竹 策划

选题策划：北京浪花朵朵文化传播有限公司	出版统筹：吴兴元
责任编辑：沈久凌	编辑统筹：彭 鹏
特约编辑：彭 鹏	美术编辑：韩 波
责任校对：姚 璐	责任印务：陈 沁
装帧制作：墨白空间·杨 阳	营销推广：ONEBOOK

出版发行：浙江教育出版社（杭州市环城北路177号　电话：0571-88909724）
印刷装订：北京盛通印刷股份有限公司

开本：889mm×1194mm 1/16	印张：3.5　　字数：70 000
版次：2024年2月第1版	印次：2024年8月第3次印刷

标准书号：ISBN 978-7-5722-7072-7
定价：62.00元

官方微博：@ 浪花朵朵童书
读者服务：reader@hinabook.com 188-1142-1266
投稿服务：onebook@hinabook.com 133-6631-2326
直销服务：buy@hinabook.com 133-6657-3072

浪花朵朵

万物的本原
探秘元素王国

梅溪 著 温强 绘 陈凯 审校

浙江教育出版社·杭州

世界是由什么组成的?

"万物的本原"是古希腊哲学家热衷探讨的主题,许多著名哲学家认为,世间万物是由土、水、火和空气四大元素组成的。比如,一株破土而出的树苗,是土(石头)、水、火(太阳光)结合的产物;长成的树被砍倒并晒干后,便失去了水,这样就能燃烧了;而在充分燃烧时,树又会重新变成土(也就是灰)和火。

19世纪初,英国科学家道尔顿提出:组成物质世界的最小单位是原子;原子是一颗颗独立的、不可被分割的小球;无论是树木、花草、动物,还是人类、岩石、流水,都是由一颗颗原子组成的。

随着科学的发展,原子的存在得到了证实。但是,科学家们发现原子并不是不可分割的小球,它还可以再分为更小的微粒。根据一系列的实验和思考,科学家提出了各种各样的原子模型。

1904年,英国物理学家汤姆孙提出:原子像一块布丁,带负电的电子像一颗颗梅子一样镶嵌在带正电的布丁上。这种模型被称为"梅子布丁模型"。

1911年,又一位英国物理学家卢瑟福提出:原子像太阳系,带正电的原子核像太阳,带负电的电子像绕着太阳运行的行星。这种模型被称为"行星模型"。

在中国，我们的先人们认为，世间万物都是阴阳二气作用的产物，金、木、水、火、土是构成物质的五种基本"元素"，称为五行，五行相生相克。比如，钻木可生火，所以说木生火；树木充分燃烧后就变成灰（土），所以说火生土；土中有矿藏，矿藏可以冶炼出金属，所以说土生金；矿藏往往靠近水源，所以说金生水；因为水的滋养，树木才能生长，所以说水生木。

现在我们知道，这两种对"万物的本原"的看法都是错误的，世间万物是由原子组成的。那么原子是什么，又长什么样呢？

总之，原子由原子核和核外电子组成，所有原子核中都含有质子，且绝大部分原子核中还有中子。质子的数量决定了原子属于什么元素，目前我们已经发现的元素共有118种，它们便是世间一切物质的基础。现在，欢迎你进入元素王国。

1913年，丹麦物理学家玻尔提出：就像运动员在划定的跑道上跑步一样，电子也在原子核外特定的轨道上运动。

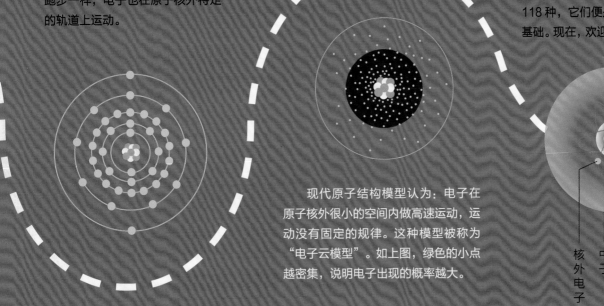

现代原子结构模型认为：电子在原子核外很小的空间内做高速运动，运动没有固定的规律。这种模型被称为"电子云模型"。如上图，绿色的小点越密集，说明电子出现的概率越大。

核外电子　中子　原子核　质子

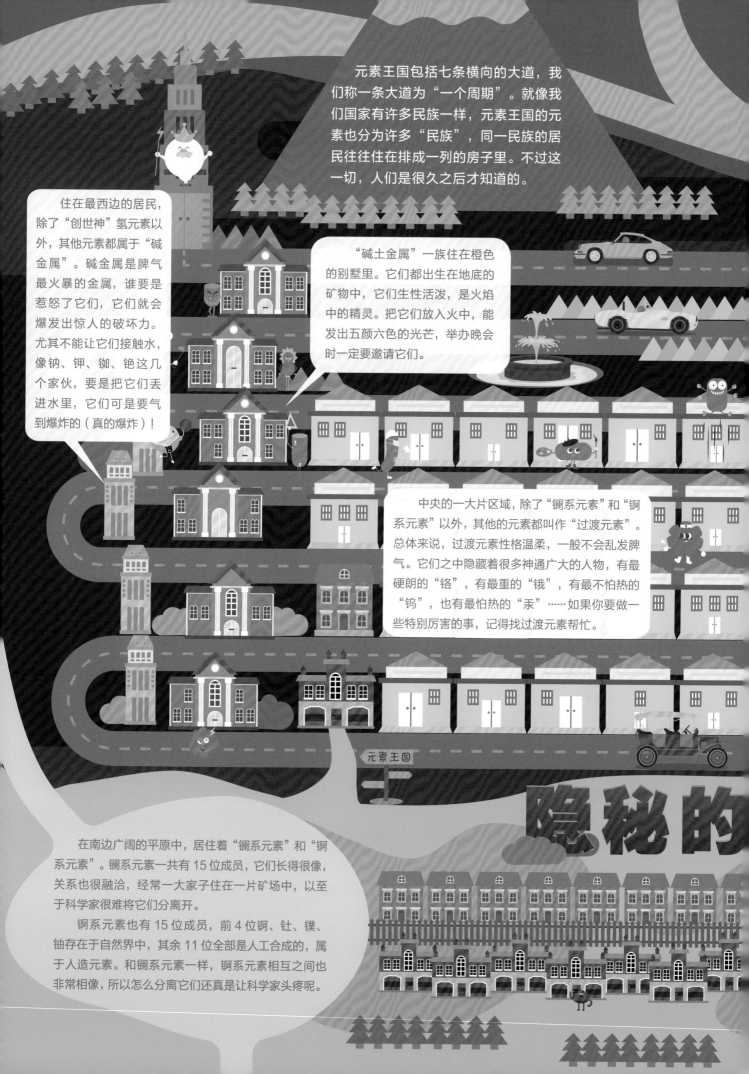

元素王国包括七条横向的大道，我们称一条大道为"一个周期"。就像我们国家有许多民族一样，元素王国的元素也分为许多"民族"，同一民族的居民往往住在排成一列的房子里。不过这一切，人们是很久之后才知道的。

住在最西边的居民，除了"创世神"氢元素以外，其他元素都属于"碱金属"。碱金属是脾气最火暴的金属，谁要是惹怒了它们，它们就会爆发出惊人的破坏力。尤其不能让它们接触水，像钠、钾、铷、铯这几个家伙，要是把它们丢进水里，它们可是要气到爆炸的（真的爆炸）！

"碱土金属"一族住在橙色的别墅里。它们都出生在地底的矿物中，它们生性活泼，是火焰中的精灵。把它们放入火中，能发出五颜六色的光芒，举办晚会时一定要邀请它们。

中央的一大片区域，除了"镧系元素"和"锕系元素"以外，其他的元素都叫作"过渡元素"。总体来说，过渡元素性格温柔，一般不会乱发脾气。它们之中隐藏着很多神通广大的人物，有最硬朗的"铬"，有最重的"锇"，有最不怕热的"钨"，也有最怕热的"汞"……如果你要做一些特别厉害的事，记得找过渡元素帮忙。

隐秘的

在南边广阔的平原中，居住着"镧系元素"和"锕系元素"。镧系元素一共有 15 位成员，它们长得很像，关系也很融洽，经常一大家子住在一片矿场中，以至于科学家很难将它们分离开。

锕系元素也有 15 位成员，前 4 位锕、钍、镤、铀存在于自然界中，其余 11 位全部是人工合成的，属于人造元素。和镧系元素一样，锕系元素相互之间也非常相像，所以怎么分离它们还真是让科学家头疼呢。

元素王国

第一个走进元素王国的人——门捷列夫

铀原子的 7 个电子层上有 92 个电子

铀原子

约 1.9 亿倍

网球

约 1.9 亿倍

地球

原子分为很多种类,每种原子含有的质子、中子和电子的数目都有可能不同。为了方便区分,我们把具有相同质子数的一类原子称为"元素"。我们根据元素原子核内的质子数,给元素编上序号,这就是元素的"原子序数"。在地球上已发现的天然元素中,铀具有最大的原子序数——92。

原子是化学变化中的最小粒子。如果拿铀原子和一个网球的大小相比较,就相当于拿这个网球和整个地球相比较。

直到 19 世纪中期,人类发现的元素一共才大约 60 种,而且人们对这些元素之间的关系也搞不清楚。在这个时候,俄国化学家门捷列夫走进了元素王国,发现了王国里的秘密。

他把当时已知元素的基本信息写在一张张小卡片上,像玩扑克牌一样不停地排列,想找出元素之间的联系。直到 1869 年,他终于根据自己的理解,制定出世界上第一张元素周期表,又经过两年的修订,制定了更准确的第二张元素周期表。在表中,他不仅把当时已知的 63 种元素全部列入,而且还留下空位,预言了 4 种未知元素的存在。更神奇的是,他的预言在后来全都得到了证实。

因为门捷列夫,人类终于走进了神秘的元素王国,而且在他绘制的元素王国的地图——元素周期表中,各种元素的性格和能力都有所体现。目前元素王国已经有了 118 位居民,也许未来还会有新的居民进入元素王国。

元素的交友方式

单质

有些元素喜欢独来独往，或者只和自己人玩耍，比如水银温度计里装的汞元素（Hg），金首饰中的金元素（Au），纯净的氧气（O_2）、氮气（N_2）、氢气（H_2）等，这种由一种元素组成的纯净物称为"单质"。

还有些元素喜欢和其他小伙伴一起玩耍。比如，氢元素（H）和碳元素（C），它们可以组成炒菜用的天然气（甲烷，CH_4）；钠元素（Na）和氯元素（Cl），它们可以组成调味用的食盐（NaCl）。这种由两种或者两种以上元素组成的纯净物称为"化合物"。元素间以不同的方式结合，能形成上亿种化合物。

化合物

盐

混合物

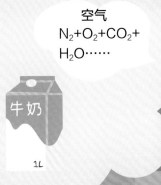

空气
$N_2+O_2+CO_2+H_2O\cdots\cdots$

牛奶
1L

生活中有很多物质喜欢聚在一起。我们呼吸的空气就含有多种物质：大量的氮气和氧气，还有少量的二氧化碳（CO_2）、稀有气体、水蒸气和一些杂质。我们平时喝的牛奶和矿泉水也是由多种物质混合而成的。像这样由两种或者两种以上物质混合而成的物质称为"混合物"。

单质、化合物和混合物的转换

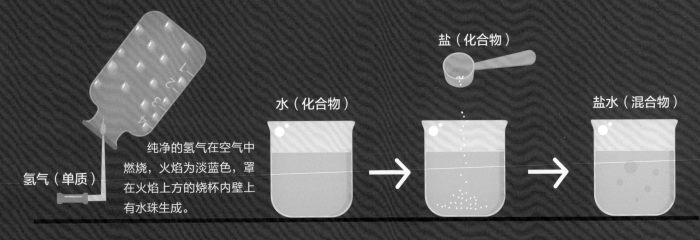

氢气（单质）

纯净的氢气在空气中燃烧，火焰为淡蓝色，罩在火焰上方的烧杯内壁上有水珠生成。

水（化合物）

盐（化合物）

盐水（混合物）

元素王国的居民们的交友方式之所以不同，是因为它们各有各的脾气，各有各的职业。
接下来，我们看一下元素周期表的全貌，再一起去看看那些具有代表性的家伙吧！

大家好，我是原子博士！

- 表格中每个元素民族都有自己的颜色。
- 人造元素有约 30 种。*
- 带*的都是人类创造出来的元素。

元素

创世神	碱金属	碱土金属	过渡元素	硼族元素	碳族元素

原子序数 ——— 92 U ——— 元素符号

元素名称 ——— 铀 yóu ——— 汉语拼音

1 H 氢 qīng								
3 Li 锂 lǐ	4 Be 铍 pí							
11 Na 钠 nà	12 Mg 镁 měi							
19 K 钾 jiǎ	20 Ca 钙 gài	21 Sc 钪 kàng	22 Ti 钛 tài	23 V 钒 fán	24 Cr 铬 gè	25 Mn 锰 měng	26 Fe 铁 tiě	27 C 钴 g
37 Rb 铷 rú	38 Sr 锶 sī	39 Y 钇 yǐ	40 Zr 锆 gào	41 Nb 铌 ní	42 Mo 钼 mù	43 Tc 锝* dé	44 Ru 钌 liǎo	45 铑 l
55 Cs 铯 sè	56 Ba 钡 bèi	镧～镥 57~71	72 Hf 铪 hā	73 Ta 钽 tǎn	74 W 钨 wū	75 Re 铼 lái	76 Os 锇 é	77 铱
87 Fr 钫 fāng	88 Ra 镭 léi	锕～铹 89~103	104 Rf 𬬻* lú	105 Db 𬭊* dù	106 Sg 𬭳* xǐ	107 Bh 𬭛* bō	108 Hs 𬭶* hēi	109 䥑* m

57 La 镧 lán	58 Ce 铈 shì	59 Pr 镨 pǔ	60 Nd 钕 nǚ	61 Pm 钷* pǒ	62 Sm 钐 shān	63 Eu 铕 yǒu	64 Gd 钆 gá	65 T 铽
89 Ac 锕 ā	90 Th 钍 tǔ	91 Pa 镤 pú	92 U 铀 yóu	93 Np 镎* ná	94 Pu 钚* bù	95 Am 镅* méi	96 Cm 锔* jú	97 B 锫*

* 编者注：某些人造元素在自然界中有极微量的存在，主要靠人工制造，如锝、砹、镎、钚。

周期表

113 号、115 号、117 号、118 号元素是最晚拥有中文名的。它们分别于 2004 年、2003 年、2010 年、2006 年在实验室里合成，直到 2016 年才有了准确的化学名，2017 年才有了中文名。

氮族元素　　氧族元素　　卤族元素　　稀有气体　　镧系元素　　锕系元素

不同的颜色代表着不同的元素民族

					2 He 氦 hài
5 B 硼 péng	6 C 碳 tàn	7 N 氮 dàn	8 O 氧 yǎng	9 F 氟 fú	10 Ne 氖 nǎi
13 Al 铝 lǚ	14 Si 硅 guī	15 P 磷 lín	16 S 硫 liú	17 Cl 氯 lǜ	18 Ar 氩 yà

Ni 镍 niè	29 Cu 铜 tóng	30 Zn 锌 xīn	31 Ga 镓 jiā	32 Ge 锗 zhě	33 As 砷 shēn	34 Se 硒 xī	35 Br 溴 xiù	36 Kr 氪 kè
Pd 钯 bǎ	47 Ag 银 yín	48 Cd 镉 gé	49 In 铟 yīn	50 Sn 锡 xī	51 Sb 锑 tī	52 Te 碲 dì	53 I 碘 diǎn	54 Xe 氙 xiān
Pt 铂 bó	79 Au 金 jīn	80 Hg 汞 gǒng	81 Tl 铊 tā	82 Pb 铅 qiān	83 Bi 铋 bì	84 Po 钋 pō	85 At 砹* ài	86 Rn 氡 dōng
Ds 钅达* dá	111 Rg 𬬭* lún	112 Cn 鎶* gē	113 Nh 钅尔* nǐ	114 Fl 𫓧* fū	115 Mc 镆* mò	116 Lv 𫟅* lì	117 Ts 鿔* tián	118 Og 鿬* ào

Dy 镝 dī	67 Ho 钬 huǒ	68 Er 铒 ěr	69 Tm 铥 diū	70 Yb 镱 yì	71 Lu 镥 lǔ
Cf 锎 kāi	99 Es 锿* āi	100 Fm 镄* fèi	101 Md 钔* mén	102 No 锘* nuò	103 Lr 铹 láo

许多自然界中不存在的元素常常以科学家的名字来命名。1955 年，在瑞士日内瓦召开的和平利用原子能国际科学技术会议上，人们将 99 号元素命名为 Einsteinium（中文名"锿"），以纪念刚去世不久的著名物理学家爱因斯坦（Einstein）。

元素国王——氢（qīng）

NO. 1

中文名　氢
化学名　H
民族　　创世神
常居地　水
出生地　宇宙

每个故事都有一个开头，每个王国也都有一个国王。元素王国的国王就是"氢"。

在很久很久以前，宇宙还只是一个小点，突然这个小点发生了一场大爆炸，这场大爆炸只持续了极短的时间，但产生了极高的温度。我们的宇宙就在这场大爆炸中诞生了。在这场大爆炸中，产生了最早的元素——氢。其他元素都是氢元素的后代，它们把氢视为创世神。现在你知道，氢为什么是元素王国的国王了吧。

氢元素生成其他元素的过程，叫作"氢核聚变"，下图展示了氢元素发生核聚变反应生成氦元素的过程。

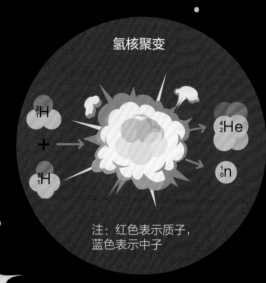

氢核聚变

注：红色表示质子，蓝色表示中子

作为元素王国的国王，在现在的宇宙空间中，氢原子的数目比其他所有元素原子数目的总和还要多 100 倍，而且氢核聚变反应现在仍在各个恒星的内部不停地发生着。比如太阳，它质量的大约四分之三都是氢元素，每秒钟发生核聚变的氢元素质量高达 400 万吨，大约相当于 50 艘"福建舰"航空母舰的质量。氢核聚变不仅生成新的元素，而且释放出巨大的能量。太阳散发出的光和热，就来自太阳内部的氢核聚变反应。俗话说"万物生长靠太阳"，其实可以说，万物生长靠氢元素。

现在人类已经能很好地控制氢气与氧气的反应了，比如，用液氢（液化氢气）做火箭燃料。使用液氢燃料的火箭比使用煤油燃料的火箭要轻很多。对于火箭来说，自身的体重越轻，能携带的燃料越多，能运到太空中的东西也就越重。中国目前最先进的"长征五号"运载火箭正是用液氢做燃料的。

氢气还可以与氧气一起组成氢氧燃料电池。普通电池容易造成污染，而氢氧燃料电池的产物是水，对环境几乎不造成污染。目前，采用氢氧燃料电池做动力的汽车、火车、无人机已经投入使用了。

你知道水在自然界中是怎样循环的吗？在大自然中，海洋中的水因为阳光的照射，受热变成水蒸气上升到云层中，在云层中温度下降，又凝结成雨水降落到地面上，地面上的水汇聚成江河再重新流回海洋。而我们日常使用的自来水，就来自江河湖泊。

氢是最轻的元素，氢气可以用来填充气球。在动画片《飞屋环游记》中，带着房子在空中飞行的就是氢气球。但氢气球并不是很安全，当氢气遇到氧气时，有一点小火星就会让它们剧烈反应，发生爆炸，释放出巨大的能量，同时生成水（H_2O）。

水是我们的身体里最忙碌的一种化合物，它既负责在人体内运输营养物质，也负责从人体中运出代谢废物，还负责在体内和皮肤表面间传递热量、调节体温。水还是人体细胞的重要组成部分，特别是刚出生的孩子，身体里的水大约占体重的80%。

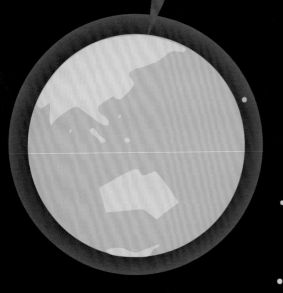

原子博士小实验I：制备氢气泡泡

在试管中加入一根铁钉，然后再加入一些洁厕灵（主要成分是盐酸），在试管口塞上带导管的橡皮塞，把导管伸进事先调好的肥皂水中，试管中生成的氢气就会在肥皂水中吹出氢气泡泡，这些泡泡会飘浮到空中。

注意事项：

① 取用洁厕灵的时候要戴手套，手不要接触到洁厕灵。

② 实验过程中要远离火源。

原理：铁和稀盐酸反应会释放出氢气，而氢气的密度小于空气。

放电侠——锂（lǐ）

锂元素内心柔软，脾气超好，所以很多元素都愿意和它交朋友。比如空气中的氮气，平常对谁都不爱搭理，对活泼的钠元素、钾元素也不理不睬，但却很愿意和锂元素在一起，它们组成的化合物氮化锂（Li_3N）有着漂亮的紫色外表。

虽然锂元素平时脾气很好，但要是真惹恼了它，那可不得了。

NO.3

中文名	锂
化学名	Li
民　族	碱金属
常居地	锂电池
出生地	地底矿物

在元素周期表中，锂是第一个出现的金属元素，也是最轻的一种金属元素。如果把锂单质放在水里，它不仅不会下沉，还能浮在水面上，并且发生剧烈反应。

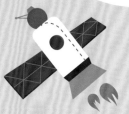

锂原子和含有 1 个中子的氢原子氘（dāo）可以合成氘化锂，氘化锂比氘原子稳定，是制造氢弹的材料，中国的第一颗氢弹就是用氘化锂作为炸药！

因为锂是最轻的金属，所以人们想减轻金属重量的时候，自然会想到它。比如，如果用锂单质制造一辆汽车，那么一个人就能把这辆"锂车"举起来，但前提是要保护好它不碰到水和空气。

当然，最需要减轻重量的，还是那些飞到太空的飞行器。所以，锂元素同其他金属朋友制造的锂镁合金和锂铝合金在人造卫星、火箭上大显身手，让它们飞得更快、更远。

虽然锂在元素王国中人缘不错，但科学家不怎么重视它，一直到 20 世纪 70 年代，科学家才终于发现锂元素身体轻盈、储电量大，是制造电池的好材料。

锂 Li

诺贝尔化学奖获得者

约翰·B.古迪纳夫　　M.斯坦利·威廷汉　　吉野彰

相比于其他电池，锂离子电池所使用的材料最清洁，它既能保障人体的健康，也能减少对地球的污染。现在锂离子电池在手机、平板电脑、新能源汽车等智能设备和交通工具中提供了大力支持，它成了鼎鼎大名的"放电侠"！就连 2019 年的诺贝尔化学奖，也颁给了 3 位研究锂离子电池的化学家，你说锂元素是不是很厉害！

武林高手——铍（pí）

铍元素是金属元素里第二轻的，但身体却很结实，所以科学家常用含铍的材料来制造火箭、卫星和导弹。轻盈的铍让这些飞行器仿佛有了"轻功"，轻轻松松便能翱翔空中。

NO.4

中文名　　铍
化学名　　Be
民　族　　碱土金属
常居地　　金绿石和绿柱石
出生地　　地底矿物

铍元素身轻如燕，是一位武林高手。要是你不小心惹到了它，那可要倒大霉，因为铍单质和铍的化合物都是有毒的！

造价高达 100 亿美元的詹姆斯·韦伯太空望远镜，它最重要的部件——直径 6.5 米的主镜面就是用铍制造的。选用铍元素的原因是，它不仅身轻如燕、筋骨强健，而且极其耐寒——在 −223℃ 的太空中，它也几乎不会发生收缩变形。

铍元素和铜元素是好朋友，它俩可以制成合金——铍青铜。尤其有趣的是，用铍青铜做成的锤子，无论怎么用力敲打也不会迸出火花，所以在化学工业、石油工业、火炸药工业等不能遇火的工作环境中，铍青铜深受欢迎。

铍青铜锤

铍青铜

铍元素武功高强，保护他人也不在话下。它性格刚烈，几乎不会随着环境温度的变化而膨胀或收缩，可以用来制造汽车上安全气囊的传感器。危急时刻，救人于千钧一发。

刚强硬汉——硼（péng）

NO.**5**

中文名　硼
化学名　B
民　族　硼族元素
常居地　各种坚硬的材料
出生地　地底矿物

　　硼元素以前是一名焊接工，它的名字就来源于阿拉伯语中意为"焊接"的词。硼浑身充满了正能量，是除了碳以外最硬的非金属，什么困难都不能让它屈服，凡是和硼在一起的元素，都会觉得自己也坚强了起来。

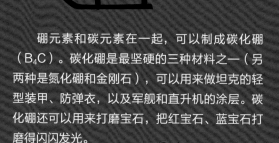

　　硼元素和碳元素在一起，可以制成碳化硼（B_4C）。碳化硼是最坚硬的三种材料之一（另两种是氮化硼和金刚石），可以用来做坦克的轻型装甲、防弹衣，以及军舰和直升机的涂层。碳化硼还可以用来打磨宝石，把红宝石、蓝宝石打磨得闪闪发光。

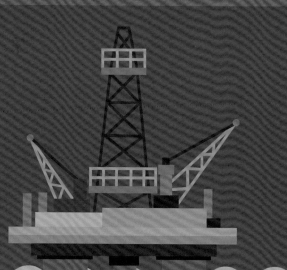

　　硼元素和氮元素在一起，可以制成氮化硼（BN）。作为最坚硬的三种材料之一，氮化硼可以做成钻头，在地下钻出深洞，帮助我们寻找石油和矿藏。

　　如果把氮化硼制成粉末，它又有一些润滑能力，可以作为润滑剂。在许多口红里，可能就添加了氮化硼。

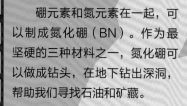

　　虽然硼是一个刚强的硬汉，但铁汉的心中也有柔情。如果你看书看得太久，眼睛有些疲劳，可以滴几滴抗疲劳的眼药水。眼药水中大多含有硼酸（H_3BO_3）成分，硼酸就像一位高明的按摩师，会轻柔地按摩你的双眼，帮你缓解眼睛的不适。

生命缔造者——碳（tàn）

NO. **6**

中文名	碳
化学名	C
民　族	碳族元素
常居地	生命体
出生地	有机物

如果说氢元素创造了元素王国，那么可以说碳元素创造了生命界。碳在几乎所有的生命体中都存在，无论是人类的皮肤、肌肉、血液中，动物的角、蹄、毛中，还是植物的根、茎、叶、果中，都含有碳元素。总之，没有碳元素就没有地球上的生命。

苹果中含有糖分，糖类都属于有机化合物，含有碳、氢、氧元素。

在非生命体内，碳元素也广泛存在。空气中的二氧化碳（CO_2）气体是植物的好朋友，植物可以通过光合作用把碳元素吸收进体内。

绝大多数含有碳元素的物质，都属于"有机化合物"。你猜猜目前世界上有多少种有机化合物？数目可能会吓你一跳，大约有 8000 万种，而且科学家还在不断合成新的有机化合物，所以这个数目还在不断增加。

现今发现的生命体被统称为碳基生命体，它们都以含碳有机物为最基本的骨架。

塑料玩具虽然没有生命，但主要成分也是有机化合物。

19 世纪以前，科学家认为有些化学物质只能在生物体内合成，所以给这些物质起名叫"有机化合物"，简称"有机物"。但在 1828 年，德国化学家维勒首次用人工方法合成了有机物尿素 [$CO(NH_2)_2$]，此后，大量有机物被人工合成出来。动物体内的蛋白质、糖类、脂肪和植物体内的纤维素等物质，都属于有机物。

世界上最硬的物质就是碳的一种单质——金刚石！在哪里能看到金刚石呢？镶嵌在戒指上闪闪发光的钻石，就是切割好的金刚石，它硬得可以划开玻璃！

碳的另一种单质石墨却非常柔软，轻轻一划，就可以在纸上留下黑色的痕迹。你写作业时用的铅笔芯就是用石墨和黏土做的。铅笔规格通常用 H 和 B 来表示，H 前面的数字越大，表示含有的黏土越多，铅芯越硬，字迹颜色越淡；B 前面的数字越大，表示含有的石墨越多，铅芯越软，字迹颜色越深。

石墨烯

目前一些手机已经用上了石墨烯电池。未来，石墨烯还可以制成可折叠的手机显示屏。此外，科学家还在研究用石墨烯薄膜来淡化和净化海水，通过过滤，海水中的盐分和杂质留在石墨烯上，海水就直接变成干净的淡水了。神奇的"石墨烯"还有很多的本领等着我们去发现。

原子博士小实验 2：手工制作石墨烯

用透明胶带粘住铅笔芯，慢慢撕开胶带，胶带上会留下一层黑色的碳粉，用另一个透明胶带再粘住第一个胶带上的碳粉，慢慢撕开。重复多次，碳粉会越来越薄，若最终只剩下一层碳原子，得到的就是石墨烯。

但用透明胶带只能制作出很小块的石墨烯。2010 年诺贝尔物理学奖得主就是用类似的办法获得石墨烯的。

安德烈·盖姆　　康斯坦丁·诺沃肖洛夫

这两人因在二维材料石墨烯方面的开创性实验而获得 2010 年诺贝尔物理学奖。他们是用一块普通得不能再普通的石墨制造出石墨烯的。石墨烯在导热性、导电性、密闭性等方面的卓越表现让人们再次见证了碳元素的厉害。

农业学家——氮（dàn）

氮元素平时最喜欢种花养草，所以成了一位农业学家。但它并不是"两耳不闻窗外事"、埋头只做学问的科学家，它其实时刻围绕在人的身边，因为氮的单质氮气（N_2）约占空气体积的五分之四。

氮元素是植物的好朋友，但是只有很少的一些植物（比如豆科植物）能直接从空气中吸收氮气，绝大部分植物只能从土壤中获取氮元素。为什么说氮元素对植物很重要呢？原因在于叶绿素分子。绿色植物通过叶绿素分子进行光合作用，来获得能量，而氮元素是叶绿素分子的重要组成部分。植物如果缺乏氮元素，就会"饿肚子"，变得"面黄肌瘦""身体虚弱"。

诺贝尔是著名化学家，一生都在研究炸药，他最早改良的炸药"硝化甘油（$C_3H_5N_3O_9$）"就是一种含氮的炸药。另一种著名的炸药TNT，化学名为"三硝基甲苯（$C_7H_5N_3O_6$）"，也是含氮的炸药。现在有科学家已经开始研制最新型的全氮炸药，其威力超过TNT的10倍。

诺贝尔奖

大家知道，食物长时间接触空气容易发潮或者变质，发潮是因为食物吸收了空气中的水分，变质则是因为食物与氧气发生了反应或者有微生物在食物上繁殖。为了长久保存食物，有一种聪明的办法就是往食品包装袋里充入足量氮气，赶走水蒸气和氧气，这样食物就不容易发潮或变质了。

虽然氮气不喜欢和氧气一起玩，但是在温度很高的时候，或者放电的情况下，氮气还是会被迫和氧气生成一氧化氮（NO）。比如汽车的发动机工作时，就会产生一氧化氮，它是一种对环境有危害的气体，所以，为了保护环境，应该少开车、多走路或乘坐公共交通工具。

根瘤菌

铵盐（NH_4^+）

豆科植物的根上寄生着根瘤菌，根瘤菌帮助植物将氮气转化为营养物质铵盐，而植物也为根瘤菌提供营养。

植物如此需要氮元素，科学家自然希望把氮气转化为肥料，施加在土壤中，帮植物"增强体质"。可是这个过程很不容易，经过科学家长时间的努力，终于在1909年，由德国化学家哈伯实现了氮气到氨气的转化，人工氮肥的生产才有了可能。

生命卫士——氧（yǎng）

氧气这么重要，那么它在哪里呢？氧气就在我们周围的空气里，大约占空气体积的五分之一。它没有颜色，也没有气味，所以人们感觉不到它。比如，就在你看这句话的时候，已经有无数个氧气分子飞进你的鼻子了。

NO.**8**

中文名　氧
化学名　O
民　族　氧族元素
常居地　空气
出生地　空气

如果说生命诞生于碳元素，那么维持生命的一定是我——氧元素。就像汽油是汽车的燃料一样，氧气（O_2）就是生命的燃料。如果没有氧气，人类的心脏会停止跳动，大脑会停止工作，最终死亡。

大气中除了含有氧气，还含有氧的另一种单质——臭氧（O_3）。臭氧有淡淡的气味，但我们身边的臭氧很少，所以你闻不到它，它主要在离地面20~30千米的臭氧层里。臭氧待在那么高的地方是为了吸收紫外线，紫外线很容易伤害生物细胞，如果紫外线很强烈的话，暴露在其中的生物会患上皮肤病甚至皮肤癌。另外，紫外线还会损伤动物眼睛的角膜、晶状体，造成白内障等病症。所以，臭氧层就像一把大伞，保卫着地球上的生命。

除了供生物呼吸，氧气还是燃料燃烧的助燃剂。无论是熊熊燃烧的篝火，还是火箭喷射出的尾焰，都需要氧气的支持。而如果你进入了太空，那你连一根火柴都划不着，因为太空中是没有氧气的。

从氧气到臭氧，正是有了氧元素，地球才孕育出了如此多姿多彩的生命，它真不愧是地球生命的保卫者！再透露一个小秘密，氧元素和碳元素一样，可以在自然界与生物体之间互相转移！

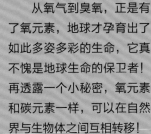

原子博士小实验3：水从哪里来？

点燃一根蜡烛，在火焰上方罩一个冷的干燥玻璃瓶。一段时间后，观察玻璃瓶内壁，会发现有水珠生成。请想一想，水是从哪里来的？

原理：水的组成元素是氢和氧，氧元素来自空气中的氧气，氢元素来自蜡烛，蜡烛燃烧后生成的水蒸气遇到冷的玻璃瓶，凝结成了水珠。

激情演说家——氟（fú）

氟元素的本领很了不起，因为元素们的脾气各不相同，很难有一个元素能受到所有人的欢迎。像稀有气体，它们对大多数元素都爱搭不理，而氟元素算是比较能和它们聊得来的。

NO.9

中文名	氟
化学名	F
民　族	卤族元素
常居地	牙膏
出生地	地底矿物

氟元素从小就特别喜欢说话，无论遇见谁，它都会激情澎湃地说个不停，把对方逗得哈哈大笑。长大以后，氟元素成了元素王国著名的演说家，几乎所有的元素都喜欢听它讲话。

含氟牙膏

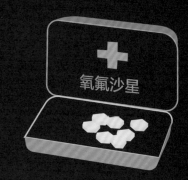

氧氟沙星

氟元素不仅自己喜欢演讲，还能帮助别人说话。如果你气管发炎影响到声带，说不出话来，想要什么东西就只能"咿咿呀呀"地比画了。要是对方不能理解你的意思，那这个"你比我猜"的游戏就只能一直玩下去。这个时候，医生可能会给你开"氧氟沙星"的处方。氧氟沙星是非常有效的消炎药，有了它的帮助，你很快就能清楚地说话了！

除了喜欢说话，氟元素还是牙齿的保护神，它能为牙齿制作一层坚固的盔甲，抵御细菌的攻击。只要大家每天坚持用含氟牙膏刷牙，氟元素就会忠实地守在牙齿表面，把靠近牙齿的细菌赶跑！

有一种塑料，它表面非常光滑，耐酸、耐碱、耐高温、耐腐蚀、不粘，性能极其优异。医生用它做人造血管和手术缝合材料，它就是著名的含氟材料——聚四氟乙烯，俗称"塑料王"。

家里常用的不粘锅的涂层材料也是聚四氟乙烯。是不是想不到？

顶级大厨——钠（nà）

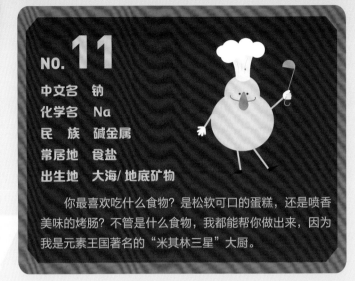

NO. 11

中文名　钠
化学名　Na
民　族　碱金属
常居地　食盐
出生地　大海/ 地底矿物

你最喜欢吃什么食物？是松软可口的蛋糕，还是喷香美味的烤肠？不管是什么食物，我都能帮你做出来，因为我是元素王国著名的"米其林三星"大厨。

要做出一份美味的食物，除了需要新鲜的食材，最重要的就是各种各样的调味品了，其中最重要的调味品就是盐。食盐的成分是氯化钠（NaCl），它主要来自海水、咸水湖、地下的卤水或盐矿。人们将海水引入盐田再经过日晒，或抽取卤水经过煎煮，水分蒸发之后，就得到了粗盐。再去掉粗盐里的杂质，就能得到像雪一样白的食盐了。

H_2O

$NaCl$

食盐

你知道为什么面包和蛋糕那么蓬松吗？那也是钠的化合物的功劳。在做面包时，需要把添加了发酵粉的面团放入烤箱，发酵粉的主要成分是小苏打，也就是碳酸氢钠（$NaHCO_3$）。碳酸氢钠最怕热，烤箱一加热，它就会分解出二氧化碳（CO_2）气体。二氧化碳气体左冲右突，拼命地找出口，所以烤好的面包才有了一个个小孔。

CO_2

吃完美味的大餐后得把碗筷清洗干净，清洗油脂也少不了钠的化合物来帮忙。勤奋的苏打（Na_2CO_3）最爱干净，把餐具泡在热的苏打水里，餐具上的油脂会渐渐分解成能溶于水的新物质，再用清水一冲，餐具很快就变得光洁如新了。对钠元素这位大厨你还满意吗？

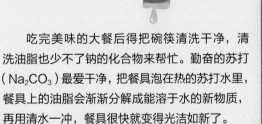

原子博士小实验4：白醋吹泡泡

从超市中买来小苏打和白醋，将一小勺小苏打放入碗中，然后缓缓加入白醋，会产生大量气泡。

注意事项：手不要接触到白醋。做实验时最好戴上护目镜和乳胶手套。

原理：小苏打的化学成分是碳酸氢钠，白醋的主要成分是醋酸，碳酸氢钠和醋酸反应，会生成大量无色无味的二氧化碳。

娱乐明星——镁（měi）

NO.**12**

中文名　镁
化学名　Mg
民　族　碱土金属
常居地　烟花
出生地　地底矿物

镁元素从小就有一个明星梦，为了实现这个梦想，镁元素每天都练习唱歌、跳舞，抓住一切机会展示自己的才艺，立志要成为舞台上最闪亮的明星！

有一次，镁单质和氧气一起表演舞蹈，镁单质随着乐曲在舞台上不停地旋转，越转越快、越转越快，最后感觉自己燃烧了起来！镁单质浑身散发出耀眼的光芒，像太阳一样夺目，台下的观众眼睛都被刺痛了。它们从没有看过这么震撼的演出，激动得连欢呼都忘记了。从此以后，镁元素真的成了元素王国的娱乐明星。

镁元素除了是娱乐明星，还很热心公益，它担任了森林搜救队的队长。人们如果不幸在森林里迷路了，可以向天空发射一枚含镁的信号弹，信号弹在空中燃烧会产生强烈的白光，让几千米外的人都能看见。

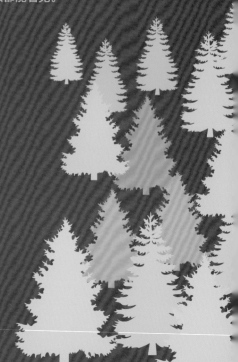

你看过举重或体操比赛吗？举重和体操运动员在比赛前会往手上扑一些粉，这种粉的成分是碳酸镁（$MgCO_3$）。运动员在比赛时，手掌心常会冒汗，碳酸镁可以快速地吸干汗液，让运动员能更紧地握住器械，防止滑脱。爽身粉中也含有碳酸镁，小宝宝洗完澡后，往他们身上扑一些香香的爽身粉，他们很快就会感觉干爽舒服啦。

王牌飞行员——铝（lǚ）

NO.13

中文名　铝
化学名　Al
民　族　硼族元素
常居地　飞机
出生地　地底矿物

　　很多元素居民都有成为飞行员的梦想，但只有很少的元素实现了梦想，而铝元素，就是其中之一。铝又轻又很有力气，先天条件很优越，被选为第一批飞行员也是情理之中的事情啦！

　　航空专家到元素王国里挑选飞行员的时候，元素们纷纷挤上前去，手举得高高的，还喊着："我来！我来！"铝元素大声叫道："我是金属里第五轻的，我力气大、柔韧性也好，在空气中我还能制造一层氧化膜，高温和腐蚀都不怕。而且我便宜，人人都用得起。你看我行吗？"航空专家高兴地说道："当然可以！你真是一个天生的飞行员！"

　　正是因为铝元素的出色性能，所以现代航空业里，很多航空器都要找铝元素帮忙，一架超声速飞机就要用上几十吨的铝。全世界有那么多架飞机，可以想象铝元素每天有多忙了吧！

　　即使工作这么忙，铝元素在飞行之余，还总是琢磨着再为人类多做点事。经过努力，它联合其他金属元素创造了各种各样的铝合金。如今铝合金在各行各业发挥着作用：很多家庭都安装了铝合金门窗，很多汽车也安装了铝合金发动机，就连你喝的易拉罐饮料，罐体大多也是铝合金做的。

　　虽然铝元素成天出现在我们周围，但它曾经非常珍贵。19 世纪，法国皇帝拿破仑三世为了显示自己的富有，让工匠给他打造了一顶比黄金更名贵的王冠——铝王冠。而且，在拿破仑三世的宴会上，只有王室成员和贵族才能荣幸地用铝匙和铝叉进餐。因为那个时候，从铝矿石中获得铝单质是很难的，后来化学家发明了新的冶炼铝的方法，铝才走进了我们的生活。

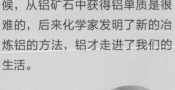

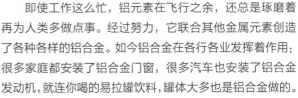

原子博士小实验 5：冒气泡的易拉罐

　　在超市中买一听铝制易拉罐饮料（易拉罐成分可以看产品说明）和一瓶白醋。喝完饮料后，将少量白醋加入易拉罐中，振荡。一段时间后，易拉罐会溶解并冒出气泡。

　　注意事项：加入白醋时要戴手套，不要弄到手上。反应一段时间后，易拉罐可能会破洞，所以实验中请将易拉罐放在水池或脸盆里。

　　原理：白醋中的醋酸可以和铝合金中的单质铝反应，释放出氢气，所以会冒出气泡。

最强大脑——硅（guī）

NO. 14

中文名　硅
化学名　Si
民　族　碳族元素
常居地　电脑
出生地　岩石/沙子

在大自然里，硅元素很喜欢和氧元素待在一起。纯净的水晶、美丽的石英、粗糙的沙粒，它们的主要成分都是二氧化硅（SiO_2）。科学家从二氧化硅中分离出纯硅，让硅原子一个挨一个地排好队，组成"计算机芯片"，也就是计算机的大脑。

普通人算十以内加减法需要大约 1 秒钟。可是你知道计算机的计算速度有多快吗？2022 年，世界上最快的计算机是美国的 Frontier，它的计算速度是 110 亿亿次/秒，也就是说，人脑花约 350 亿年计算出来的结果，Frontier 只需要 1 秒钟就能得到答案。这台计算机的"大脑"就主要是由硅构成的。

曾经在沙粒中默默无闻的硅元素，现在具有了惊人的"智慧"，可以解决人类解决不了的难题了！

硅元素不仅可以组成计算机的大脑，还能帮助你上网。用二氧化硅做成的光纤，能把你在键盘上敲下的每一个字、在麦克风前说的每一句话都传播出去。在人们利用电脑视频聊天的时候，有无数个硅原子和氧原子正在光纤里默默工作呢！

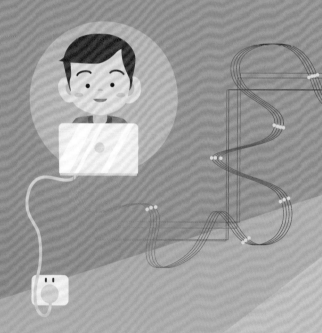

硅原子还有吸收太阳能的本领。人们用硅制成太阳能电池板，就能把太阳散发出的光能转化为电能。

"硅化人"

硅元素不仅脑子聪明，身体也很结实。硅的化合物还是水泥、玻璃、陶瓷的主要成分。现在的一些新型陶瓷，简直具有超人的能力：有的比钢铁还要硬，可以做坦克的装甲；有的能忍受几千摄氏度的高温，可以做飞机的发动机。也许不久的将来，我们就能看见披着特种陶瓷外衣、长着硅制大脑、靠着太阳供能的机器人了，也许我们可以叫它们"硅化人"吧。

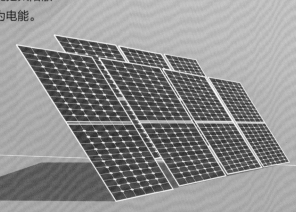

破坏王——硫（liú）

NO.16

中文名　硫
化学名　S
民族　　氧族元素
常居地　橡胶制品
出生地　火山

火山喷发很可怕！浓烟遮住了太阳，火红的岩浆四处流淌，大地一片焦土。可这时候最高兴的就是硫元素了，因为它终于能从地底下探出身子，到地面上来玩耍了。硫元素相当不安分，往往隔段时间就要博一下大家的眼球。

火山喷发时，有的硫单质会跑出来，火山口那一块块黄色的晶体，人们叫它们"硫黄"，其实就是硫单质。火山喷出的大量火山灰和暴雨结合形成的泥石流能冲毁道路、桥梁，淹没附近的乡村和城市，使得无数人无家可归。所以，硫元素被认为是元素王国的"破坏王"。

现在的硫元素更多是待在橡胶制品中。普通橡胶制品刚生产出来的时候，就像小朋友的皮肤一样，弹性十足。可是太阳照射时间一长，它就变得像饼干一样，又酥又脆。但普通橡胶制品中如果掺入了硫，就马上变得强大起来，不怕太阳晒，也不畏拉扯摩擦，所以现在的胶鞋、暖水袋、胶布、雨衣、轮胎等都使用这种硫化橡胶制造。

在许多化工厂，硫元素会和氢元素组成硫化氢（H_2S）气体，或者和氧元素组成二氧化硫（SO_2）气体一起跑出来。硫化氢的气味和臭鸡蛋一样，二氧化硫的气味会呛得人直咳嗽，遇见它们，人们只好捂着鼻子跑开。

千万不要让二氧化硫跑到空气中去！因为二氧化硫遇到雨水后，就会变成一个满嘴利齿的怪物——"酸雨"，酸雨会"啃食"建筑物、伤害农作物，使树木干枯、让鱼类死亡。现在，科学家每天都在监测空气中的二氧化硫含量，防止酸雨出来做坏事。

清洁专家——氯（lǜ）

生活中，人们把微量氯气添加到水中，可以起到杀菌消毒、改善水质的作用。消毒液的主要成分也是氯的化合物——次氯酸钠（NaClO）。2020年春天，新型冠状病毒在全世界横行，大家不得不待在家里。但氯元素不怕！它帮助医生抵抗了冠状病毒一次又一次的进攻！关键时刻，氯元素不再是一位打扫卫生的清洁专家，而是一位勇斗病毒的白衣战士，一位人类健康的守护神！

NO. **17**

中文名 　氯
化学名 　Cl
民　族 　卤族元素
常居地 　清洁剂
出生地 　大海

氯元素的名字来源于它的颜色——黄绿色，它还有着难闻的刺激性气味和毒性。不过，打扫起卫生来，氯元素可是一把好手，人们都叫它"清洁专家"。

"洁厕灵"的有效成分是氯化氢（HCl），洗手间里的污渍遇到它，只能乖乖溜走。有人会问："消毒液有清洁功能，洁厕灵也有清洁功能，要是将这两种溶液混合在一起，不就是强强联手吗？"但是，干万不能将两者混合！因为消毒液和洁厕灵混合，会产生大量氯气，使人中毒！

1915年4月22日，在第一次世界大战的比利时伊普尔战场上，在温暖微风的吹拂下，德军打开了5000多个氯气钢瓶。在6～10分钟之内，180吨的氯气形成了一人多高、6千米宽的黄绿色云团，缓缓地向英法联军的阵地飘去。毫无准备的英法士兵陷入了这些黄绿色云团中，先是打喷嚏、咳嗽，继而感到窒息，最终有1.5万人中毒，至少5000人死亡。这就是人类历史上的第一次化学战。

Cl₂

Cl₂

Cl₂

现在人们用微量的氯气给自来水消毒，以减少疾病的发生；一战时大量的氯气却被作为化学武器，导致了无数士兵丧生。

所以，我们都应该记住：化学物质本身没有对错之分，但使用化学物质的人却有正邪之别，我们要正确使用化学物质为人类造福。

运动健将——钾（jiǎ）

钾元素平时藏在人们的身体里，具体来说，主要藏在细胞里。钾影响着人体的肌肉收缩、心脏泵血、肢体运动。谁要是缺钾了，那玩一会儿就会气喘吁吁、手脚无力，感到非常疲惫。即使是身体健康的人，在大量运动时，钾也会随着汗水从身体里悄悄溜走，所以及时补充钾是非常必要的。一瓶富含钾离子的功能饮料或者一根甜甜的香蕉都是很好的选择。

NO. 19

中文名　钾
化学名　K
民　族　碱金属
常居地　功能饮料
出生地　地底矿物

钾元素从小精力旺盛、活泼好动，它最喜欢玩水。钾单质不仅在水里能爆发出一团紫色的火焰，甚至在冰上也能着火。钾元素的梦想是成为奥运冠军！所以它从小就坚持锻炼，努力拼搏。

人体缺钾会四肢无力、身体疲惫，植物同样不能缺钾。钾是植物生长所必需的三大营养元素之一，另两种是氮和磷。缺钾的植物，叶片会发黄老化，失去绿色的生机，严重时整株植物都会倒在地上，"站"都"站"不起来。这时候该怎么办呢？就和人体补钾一样，赶紧给土地施上钾肥，植物很快就会重现生机了。

钾肥从哪里来呢？化肥厂里当然可以生产，但农民也有自己的办法。在秋天，粮食收获以后，田里会留下很多秸秆，以前，农民将这些秸秆收集起来，和木柴一起作为农村土灶的燃料。这些燃料燃烧以后，会剩下一堆灰白色的粉末，也就是"草木灰"。"草木灰"可是植物的好养料，里面富含碳酸钾（K_2CO_3），把草木灰撒回田里，来年一定又是一个丰收年！

但是，把秸秆堆在一起焚烧会产生大量的二氧化碳和二氧化硫，对大气环境造成极大危害，并且还可能引发火灾。目前很多地方禁止焚烧秸秆，而是提倡将秸秆加工成肥料或者用作牛羊饲料，还可以用来造纸、发电……总之，聪明的人们有很多变废为宝的办法。

建筑艺术家——钙（gài）

NO.**20**

中文名　钙
化学名　Ca
民　族　碱土金属
常居地　建筑物
出生地　地底矿物

世界上许多著名的建筑都使用了很多大理石，大理石的主要成分就是碳酸钙（$CaCO_3$）。所以说，钙元素是元素王国名副其实的建筑艺术家。

钙元素不仅能为人类建房子，还能为小动物建房子。海边美丽的贝壳和螺壳，是它为软体动物建的房子；光溜溜的鸡蛋壳，是它为鸡宝宝建的房子。还有慢动作的蜗牛和乌龟，它们的壳的主要成分也是碳酸钙。在建造房子上，钙元素对人类和小动物一视同仁。

中国的故宫和天坛、印度的泰姬陵、法国的凯旋门、英国的白金汉宫，这些建筑都采用了大量的大理石。大理石有着美丽的颜色和花纹，用在建筑上十分漂亮。另外，西方艺术家也很喜欢用大理石塑造各种雕塑，比如著名的《大卫》和《断臂的维纳斯》，都是大理石材质的杰作。

钙的化合物

除了搭建建筑，钙元素还负责搭建生物的骨架。人类坚硬的牙齿和骨骼的主要成分都是钙的化合物。小朋友如果缺钙的话，骨头就会变脆，一碰就有可能骨折。所以我们千万别挑食，要多喝牛奶、多吃豆制品，也要适当晒太阳，促进钙元素的吸收。

作为一位建筑艺术家，钙元素的杰出作品还有奇妙的钟乳石，它是由碳酸钙构成的石灰岩受到富含二氧化碳的雨水或地下水侵蚀而形成的。在我国许多地方，尤其是广西和云南，有不少的钟乳石溶洞，洞内的钟乳石景观十分美丽。

原子博士小实验6：消失的鸡蛋壳

把一个生鸡蛋浸没在白醋中。过一段时间后，鸡蛋壳上会产生大量气泡。再等待三天左右，鸡蛋壳会全部消失，只剩下蛋壳内的膜包裹着蛋黄和蛋清，形成"无壳蛋"。

注意事项：做实验时最好戴上护目镜和乳胶手套。

原理：鸡蛋壳的主要成分是碳酸钙，白醋的主要成分是醋酸，碳酸钙和醋酸反应，会生成无色无味的二氧化碳气体和易溶于水的醋酸钙。蛋壳内的膜的主要成分是蛋白质，不易与白醋反应，所以留了下来。

科学家在发现钪元素差不多一百年后，才知道它具有点石成金般的本领：在很多物质中加入一点点钪，就能让物质的性能产生翻天覆地的变化！于是钪元素摇身一变，成为一位科技先锋，参与了很多前沿科技的研究。钪的用途很广，产量却非常低，近年来全球的钪年产量只有 15 ~ 25 吨而已，所以它的身价很高，最高时达到黄金价格的 5 倍。

科技先锋——钪（kàng）

NO. 21

中文名　钪
化学名　Sc
民　族　过渡元素
常居地　合金
出生地　地底矿物

钪元素和它下方的钇元素、镧系元素、锕系元素统称为稀土元素。钪元素在地球上含量不高，而且喜欢和其他金属待在一起。门捷列夫在 1869 年预言了它的存在，10 年后科学家就发现了它。

在灯泡中充入一点点碘化钪（ScI_3）和碘化钠（NaI）可以制成钪钠灯。高压放电时，钠元素发出明亮的黄光，而钪元素发出蓝光，它们合作就变成了白色光。钪钠灯比一般的白炽灯明亮得多、省电得多，寿命也要长数十倍，所以广泛用于广场、剧院、体育馆等大型场地的照明。

要是我说摩托车能被打印机打印出来，你相信吗？在 2016 年，APWorks 公司用铝镁钪合金打印出了一款 3D 摩托车，命名为"轻骑士"，它的质量只有 35 千克，却非常结实。随着科技的发展，也许在不久的将来，我们身边会出现许多 3D 打印出来的钪合金产品——乐器、汽车甚至人体骨骼。

钪元素是铝合金最好的朋友，只要在铝合金里加入不超过 0.4% 的钪，铝合金的身体就变得非常强壮。钪铝合金制造的棒球棒又轻又硬，已经在比赛中得到使用。

外科医生——钛（tài）

NO.**22**

中文名　钛
化学名　Ti
民　族　过渡元素
常居地　钛骨骼
出生地　地底矿物

泰坦巨人是希腊神话中曾统治世界的古老神族，钛元素的名字也正来源于此。和泰坦巨人一样，钛元素也有很多神奇之处。

钛元素和氧元素的关系超好，一见面就会紧紧地拥抱在一起，分也分不开，所以钛金属在空气里很快就能穿上一件致密的氧化膜外衣，这件外衣能为钛金属抵抗各种伤害。科学家曾经把钛金属浸泡在海水中5年，没想到钛金属一点也没生锈，擦去表面的海草和污渍，钛金属还和崭新的一样，银光闪闪。

钛元素和其他金属制成的钛合金，身体轻、力气大、不生锈。用钛合金制造的飞机，在重量一样的情况下，能比用其他金属制造的飞机多载旅客100多人。用钛合金制造的"钛潜艇"，既不怕海水腐蚀，又能抵抗深海压力，能潜到4500米的深度，而一般的钢铁潜艇潜水深度超过300米就容易被水压压坏。

钛不仅身轻力强，还有一副热心肠，它看见很多生病的人饱受折磨，就决定努力学习，成为一位外科医生，减轻病人的痛苦。有些病人因为血管变窄或阻塞，血流不畅，严重时会出现脑血栓或心血栓，危及生命。这时，钛镍形状记忆合金就可以大展身手了，它能被制成血管支架，医生将支架植入病人的病变血管中，支架温度上升到与病人的体温接近时就会自动扩张，凭着记忆恢复到原来的大小，将病变血管撑大，让血液更顺畅地流动。

有人发生严重骨折的时候，需要用钢板来固定骨头，等骨头愈合后，再将钢板取出。以前医用钢板常使用不锈钢材料，但不锈钢长期待在人体中会发生腐蚀，使金属元素溶解在体液里，对人体产生危害。

不过钛合金很难被腐蚀，也不容易让人过敏，于是它逐渐取代了不锈钢的位置。在骨头损伤的地方，用钛合金片与钛合金螺丝钉固定，经过几个月，骨头会重新生长在钛合金片的小孔与螺丝间，新的肌肉纤维也会包在上面，钛合金骨骼就像真正的骨骼一样和肌肉相连，不用再取出来，这样大大减轻了病人的痛苦。

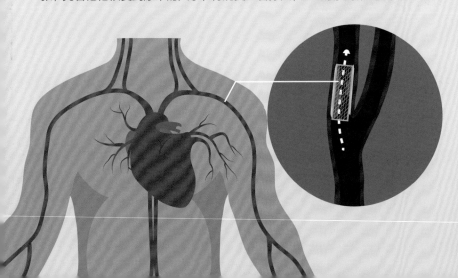

铬元素不仅喜欢画画，还会调制十几种不同颜色的颜料，有蓝色（Cr^{2+}）、紫色（Cr^{3+}）、黄色（CrO_4^{2-}）、橙色（$Cr_2O_7^{2-}$）、暗红色（CrO_3）等。

天才画家——铬（gè）

NO.24

中文名	铬
化学名	Cr
民　族	过渡元素
常居地	颜料
出生地	地底矿物

铬元素从小最喜欢做的事就是画画，它的名字来源于希腊文中意为"颜色"的词。为了画画，铬可以不吃饭、不睡觉，甚至放弃和朋友玩耍的时间。

铬黄，就是铬酸铅（$PbCrO_4$），是一种非常漂亮的黄色颜料。凡·高在画《向日葵》的时候，就使用了很多铬黄颜料，画出的向日葵有着太阳般的光芒。但现在的《向日葵》变得有些朦胧暗沉了。这是因为凡·高的画中还使用了含硫酸铅的白色颜料，铬黄与硫酸铅在阳光照射下会逐渐变成暗褐色的化合物。

大自然也会用铬元素这支画笔装点世界。美丽的红宝石之所以是红色的，正是因为含有铬元素。红宝石中铬的含量越高，红色就越深，但并不是红色越深，红宝石就越珍贵。最珍贵的红宝石颜色非常纯正，被称为"鸽血红"。

在元素王国里，铬元素住得离铁元素很近。铁元素虽然身体很结实，却很害怕生锈，铬元素正好可以来帮忙。在钢铁里加入少量的铬元素和镍元素后，神奇的事情发生了，钢铁马上就拥有了很强的防生锈能力，这种合金就是大名鼎鼎的"不锈钢"。我们现在用的很多炊具就是用不锈钢制成的。

虽然含铬的不锈钢的发明不过百年时间，但其实，很早以前中国人就已经知道用铬元素防锈了。考古专家在挖掘秦始皇兵马俑二号坑时，出土了一批青铜宝剑，这批宝剑历经 2000 多年，仍然锋利无比，一下子能划开十几张报纸。考古专家研究发现，这批青铜宝剑表面覆盖了一层薄薄的铬盐化合物，正是它保护了内在的青铜。而类似的技术，德国和美国在 20 世纪上半叶才发明。你说，我国古代的人民是不是很聪明呢？

天外来客——铁（tiě）

NO. **26**

中文名	铁
化学名	Fe
民族	过渡元素
常居地	钢铁
出生地	陨石和铁矿石

在宇宙中，含有 26 个质子和 30 个中子的铁原子核是最稳定的，地球的核心——地核中就含有大量的铁。人类最早也是从天外来客——陨铁中认识铁元素的。在古代，陨铁比黄金还要贵重，而现在铁制品已走进了千家万户。

目前已知世界上最大的陨铁是纳米比亚的"霍巴陨铁"，它长、宽均为 2.7 米，高为 0.9 米，重约 60 吨，其中大约 84% 是铁。科学家估计它是 8 万年前掉落在地球上的。

人类最早发现和使用的铁，是天上落下来的陨铁。陨铁其实是铁和镍、钴等金属的混合物，含铁量较高。

在河北藁城台西商代遗址中发现的"铁刃铜钺"是我们国家目前已知最早的铁器，它的刃部就是用陨铁打造而成的。当时由于原料稀缺、冶铁技术有限，铁器极其珍贵。

随着冶炼技术的发展，到了春秋战国时期，冶铁匠人学会了将铁矿石冶炼成生铁和铸铁，进而铸造出铁质农具，这大大促进了农业生产的发展，中国正式进入了"铁器时代"。

此后，铁逐渐进入寻常百姓家。直到今天，铁都是我们生活中最重要的金属之一。

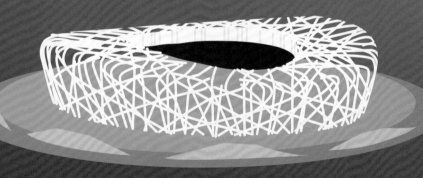

现在铁元素最重要的工作，就是带上其他元素制造种类繁多的合金，尤其是各种钢材。国家体育场——"鸟巢"的主体就是钢结构，它使用了 4.2 万吨我国自主创新研发的特种钢材，这些钢材集刚强、柔韧于一体，保证了拥有"钢筋铁骨"的鸟巢抗震设防烈度为 8 度，能使用 100 年！

除了"鸟巢"，钢铁还参与建造了许许多多的建筑。这些建筑既很坚固，也很美观，但唯一害怕的就是生锈。在潮湿的空气中，钢铁很容易变得锈迹斑斑。请你想一想，有什么办法可以防止钢铁生锈呢？

原子博士小实验 7：铁钉防锈

将 3 根无锈的铁钉分别放在 3 支试管中：向第一支试管中加入植物油，浸没整根铁钉；向第二支试管中加入凉开水，浸没整根铁钉，再加入一些植物油；向第三支试管中加入凉开水，浸没半根铁钉，不加植物油。观察一周，每天记录现象，看看哪根铁钉最先生锈，再想想为什么。

原理：铁钉生锈是氧气和水共同作用的结果。第一支试管中的铁钉既不能接触到氧气，也不能接触到水，所以基本不生锈；第二支试管中的铁钉能接触到水，但凉开水中氧气很少，植物油又阻止了铁钉接触空气中的氧气，所以也不怎么生锈；第三支试管中的铁钉既能接触到氧气，也能接触到水，所以最容易生锈，尤其是与水接触的部分生锈最严重。

钴莫名地被人们妖魔化了，很长时间它都百口莫辩。后来，科学家发现，其实矿工中毒，是因为辉钴矿石冶炼时会产生二氧化硫和含砷的毒气，并不是钴元素在捣鬼，但"钴"这个名字却一直沿用到了今天，你说它冤不冤？

早在德国人发现辉钴矿石之前，古希腊人和古罗马人就发现，在玻璃中加一些含钴的矿物，玻璃就可以变成大海的颜色！

北京的故宫博物院收藏了很多精美得令人叹为观止的景泰蓝文物，作为其精髓之一的蓝色珐琅釉，就是钴元素的贡献！

现在，我们不仅知道钴是美丽的"蓝精灵"，还能让它变色呢！为了防止物品受潮，人们常常会用到干燥剂，有一种干燥剂叫变色硅胶，它在干燥的时候是蓝色的，在受潮以后就会变成粉红色，你知道这是为什么吗？

吸湿前
（湿度 ≤ 20%）

吸湿后
（湿度 ≥ 50%）

变色蓝精灵——钴（gǔ）

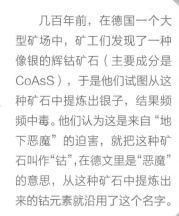

NO.27

中文名　钴
化学名　Co
民　族　过渡元素
常居地　变色硅胶
出生地　地底矿物

几百年前，在德国一个大型矿场中，矿工们发现了一种像银的辉钴矿石（主要成分是CoAsS），于是他们试图从这种矿石中提炼出银子，结果频频中毒。他们认为这是来自"地下恶魔"的迫害，就把这种矿石叫作"钴"，在德文里是"恶魔"的意思，从这种矿石中提炼出来的钴元素就沿用了这个名字。

早在古埃及时期，天然的含钴矿石就被用作蓝色颜料，在埃及法老图坦卡蒙的墓穴中就有一小块深蓝色的钴玻璃器物。而17世纪的沙俄更是花费巨资购买了蓝色的含钴颜料，在克里姆林宫的大厅、圣母安息大教堂的墙壁上，至今都保存着鲜艳的蓝色涂料。

原子博士小实验8：变色的硅胶

从超市买来蓝色的变色硅胶，用筷子沾一点水滴在硅胶上，可以看到硅胶的颜色有如下的变化：蓝色→蓝紫→紫红→粉红。将变色后的硅胶稍稍加热，就会看见硅胶散发出水蒸气，并且会重新恢复蓝色。

原理：硅胶变色的秘密是因为它含有无水氯化钴（$CoCl_2$）。无水氯化钴是蓝色的，但当它吸收了1个水分子后就会变成蓝紫色，吸收2个水分子后就呈现为紫红色，最多吸收6个水分子时呈现粉红色。加热时含水氯化钴又会逐渐失去水分子，重新恢复蓝色。

博物馆馆长——铜（tóng）

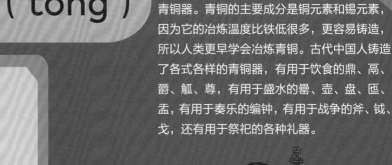

约 5000 年前，古代中国人就学会了制造青铜器。青铜的主要成分是铜元素和锡元素，因为它的冶炼温度比铁低很多，更容易铸造，所以人类更早学会冶炼青铜。古代中国人铸造了各式各样的青铜器，有用于饮食的鼎、鬲、爵、觚、尊，有用于盛水的罍、壶、盘、匜、盂，有用于奏乐的编钟，有用于战争的斧、钺、戈，还有用于祭祀的各种礼器。

NO. 29

中文名　铜
化学名　Cu
民　族　过渡元素
常居地　铜合金
出生地　地底矿物

在博物馆里，我们可以了解到很多过去发生的事情。在元素王国里，国王之所以任命铜元素担任博物馆馆长，是因为铜是人类最早使用的几种金属之一，古时候人们用青铜制作了很多精美的艺术品。

爵

斧

有些重要的青铜器上还铸有铭文。比如，在陕西发现的"多友鼎"，腹内铸有 22 行，共 279 字铭文。这篇铭文是一个小故事，讲述了西周晚期，北方少数民族攻打京城，将领多友率兵抵抗，在十几天内，共打了 4 场胜仗，获得了周王的奖赏。这些铭文不仅告诉了我们过去发生的事情，而且是现代汉字的老祖宗。

鼎

铜元素还可以为植物治病。铜的很多化合物，比如硫酸铜（$CuSO_4$）、氢氧化铜 [$Cu(OH)_2$]、氧化亚铜（Cu_2O）等，都是常用的杀菌剂。把这些杀菌剂适量喷洒到植物上，铜离子会慢慢地从化合物中分解出来，悄悄地接近病菌，然后出其不意地破坏病菌的蛋白质，从而一击毙命，杀死病菌。

自由女神像始建于 1876 年，是法国赠予美国独立 100 周年的礼物，现在已经成为美国的象征。这座雕像底部是混凝土台基，内部是钢制骨架，外部是铜质外皮。你可能会觉得奇怪，铜质外皮的自由女神像为什么是绿色的呢？其实自由女神像刚建成的时候，外表是古铜色的，可是因为长期暴露在潮湿的海边空气中，在水蒸气、二氧化碳和氧气的共同作用下，铜变成了铜绿，所以呈现为绿色。

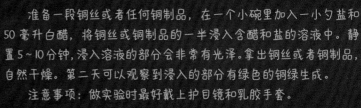

原子博士小实验 9：变色的铜丝

准备一段铜丝或者任何铜制品，在一个小碗里加入一小勺盐和 50 毫升白醋，将铜丝或铜制品的一半浸入含醋和盐的溶液中。静置 5~10 分钟，浸入溶液的部分会非常有光泽。拿出铜丝或者铜制品，自然干燥。第二天可以观察到浸入的部分有绿色的铜绿生成。

注意事项：做实验时最好戴上护目镜和乳胶手套。

原理：白醋是酸性的，可以除去铜现有的氧化层，铜将呈现它原来的颜色。而后暴露在盐和空气中的铜，就像自由女神像一样，很快就会在氧气、二氧化碳和水蒸气的作用下生成铜绿。

铁元素最害怕的就是生锈，作为铁最好的朋友，锌元素主动承担起了保护铁的任务。锌元素想：铁生锈是因为氧气和水的破坏，那我站在铁的前面，把氧气和水挡住，铁不就不生锈了吗？说干就干，锌在钢铁表面形成一层锌镀层，阻挡氧气和水对铁的袭击。

钢铁卫士——锌（xīn）

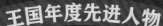

王国年度先进人物

就算牺牲了我自己，我也要保护铁的安全！

好感人啊！

NO. 30

中文名　锌
化学名　Zn
民　族　过渡元素
常居地　金属镀层
出生地　地底矿物

　　在元素王国中，锌元素最好的朋友是铁。平时，锌元素喜欢穿着银光闪闪的军装，站在铁的身前，为铁抵挡各种伤害。

　　锌元素曾冥思苦想，终于想出了一个可以长期保护铁元素的好办法：工程师只要把一些锌块直接嵌在钢铁上，性格更活泼的锌就会主动将自己的电子输送给铁，当氧气和水来抢夺电子时，铁的电子就不会流失了，所以钢铁就受到了保护，而锌块却会变得越来越小，最终消失。这种"舍己为人"的精神实在是太感人了，因此锌元素获得了"王国年度先进人物"称号。

　　如今的船舶、桥梁、水库闸门、海洋钻井都用锌来防腐蚀，利用的就是这个原理。

　　嵌锌块这种防腐蚀的方法，本质是让锌和铁连接成一个电池。其实在我们身边，也有好多种锌电池呢，比如电视遥控器、空调遥控器里用的锌锰干电池，手表、计算器、小玩具中的纽扣型银锌电池等。和锂电池相比，锌电池不容易起火，而且锌在地球上的储量也比锂多，价格也便宜很多，因此，锌电池仍然是很有前景的电池。

　　现在已经出现了超薄、可弯曲的锌电池，如果将这种锌电池运用在手机、电子手表、运动手环等电子设备上，那将给我们的生活带来巨大的改变！

绝命毒师——砷（shēn）

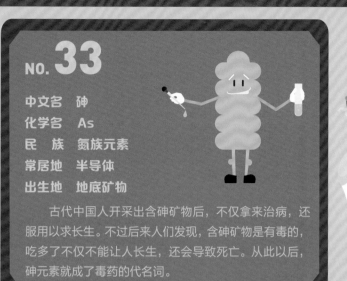

NO.33

中文名　砷
化学名　As
民　族　氮族元素
常居地　半导体
出生地　地底矿物

古代中国人开采出含砷矿物后，不仅拿来治病，还服用以求长生。不过后来人们发现，含砷矿物是有毒的，吃多了不仅不能让人长生，还会导致死亡。从此以后，砷元素就成了毒药的代名词。

砷元素和硫元素能组成两种黄色的矿物，其中一种是雄黄，化学名是四硫化四砷（As_4S_4）。古代中国人在端午节时有喝雄黄酒的习俗，他们把少量的雄黄研成粉末，泡在白酒或黄酒里，雄黄稍有毒性，可以起到杀菌驱虫的作用。在《白蛇传》中，白娘子正是在端午节喝了雄黄酒，才现出原形，吓坏了许仙。

另一种是雌黄，化学名是三硫化二砷（As_2S_3），具有剧毒。古代人把它当作涂改液用，如果写错了字，就用雌黄把字涂去，所以有一个成语形容胡说八道，叫作"信口雌黄"。

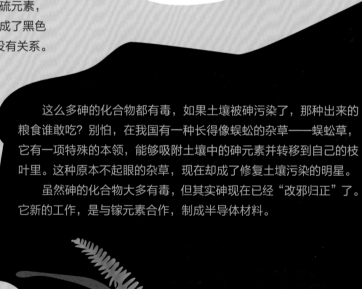

雄黄经过烧制就可以得到砒霜，砒霜的化学名是三氧化二砷（As_2O_3），它不是毒性最强的毒药，但一定是最有名的。《水浒传》中武大郎就因为喝下含砒霜的药汁而丧命。怎么知道饭菜中是否含有砒霜呢？在很多影视剧中，人们会把银针插入饭菜中，如果银针变黑，就说明饭菜中有砒霜。但这种方法可靠吗？其实，银针变黑是因为古代的砒霜不纯，往往还含有硫元素，银与硫发生了化学反应，生成了黑色的硫化银（Ag_2S），和砒霜没有关系。

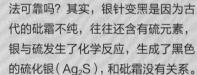

这么多砷的化合物都有毒，如果土壤被砷污染了，那种出来的粮食谁敢吃？别怕，在我国有一种长得像蜈蚣的杂草——蜈蚣草，它有一项特殊的本领，能够吸附土壤中的砷元素并转移到自己的枝叶里。这种原本不起眼的杂草，现在却成了修复土壤污染的明星。

虽然砷的化合物大多有毒，但其实砷现在已经"改邪归正"了。它新的工作，是与镓元素合作，制成半导体材料。

水是生命之源，长时间不下雨，大地会干渴到裂开嘴巴，植物会疲惫地低下脑袋，庄稼会面临低收成甚至颗粒无收的风险。心急如焚的农民们一心期盼着下雨，这时候，就需要碘的化合物出马了！

聪明小子——碘（diǎn）

NO.53

中文名　碘
化学名　I
民　族　卤族元素
常居地　甲状腺
出生地　海水

平时，碘单质身披深紫色的外衣，稍一受热，就会化作一阵紫色的轻烟。人们爱它美丽的颜色，用意为"深紫罗兰色"的希腊语为它命名。

人们用飞机把碘化银（AgI）撒在高空中，云层里的水蒸气都很喜欢碘化银，一见到碘化银的微粒，它们就会紧紧地围在碘化银周围。水滴变得越来越重，到最后空气再也托不住它们，于是一阵瓢泼大雨便洒向了大地——要是天气够冷，也有可能会来一场鹅毛大雪！

碘是人体所必需的一种微量元素，一般藏在甲状腺内。许多海产品中都富含碘元素，比如海带、海鱼、海虾、海菜等。对小朋友来说，碘是有名的"智力元素"，所以多吃海产品可以让你更聪明。如果你生活在内陆，海产品比较少，那也不用担心，超市有专门的加碘盐出售，吃加碘盐同样可以为身体补充碘元素。当然，你可别为了更聪明，拼命地补充碘元素，摄入过多的碘元素容易造成一种叫"甲亢"的疾病。总而言之，你不挑食、按时吃饭，身体才会健康。

甲状腺

除了有利于提高智力，碘元素还能保护你的健康。当你受伤的时候，医生会拿出一种棕色的药水，轻轻地涂在你的伤口上，那种药水叫"碘伏"。"碘伏"含有碘单质（I_2），具有消毒杀菌的作用，可以把细菌阻挡在伤口之外。

原子博士小实验10：密码信

取一张A4纸，用筷子沾上米汤或淘米水，在纸上写上字。米汤或淘米水最好浓一些，多涂几遍，放置一段时间等字迹干燥消失。再用碘伏涂A4纸，你会发现涂有米汤或淘米水的字迹出现并变为蓝色。

原理：因为碘单质和淀粉会发生反应，生成蓝色的化合物，而米汤和淘米水中含有大量淀粉，所以字迹会变蓝。

NO.79

中文名	金
化学名	Au
民　族	过渡元素
常居地	首饰
出生地	地底矿物

在元素王国里，金元素因为自身价值昂贵，备受人们喜爱而成为最富有的"富豪"之一。

银在很久很久以前就被作为货币使用。在电视剧中，我们经常看见大侠大步走进客栈，将手中宝剑往桌上一扔，大声一喊："小二！来一角酒、两斤熟牛肉！"等店小二上齐酒菜，大侠从怀中掏出一锭银子，往桌上一抛，豪迈地说道："五两银子，不用找了！"但其实，银在自然界比较稀少，所以也格外值钱。描写北宋末年梁山好汉故事的《水浒传》中，有一回写到，阮小七用一两银子买了20斤生熟牛肉、2只肥鸡、1瓮酒，还有余钱。至于在自然界中更珍稀的金，很少作为货币流通，往往是做赏赐和收藏之用。

金具有优良的导电性。电脑内存条和显卡的导电触片上都镀有一层金，起到增强信号传导和抗氧化的作用，这就是所谓的"金手指"。高档音响中也会使用镀金甚至纯金导线，来提升音响的音质。

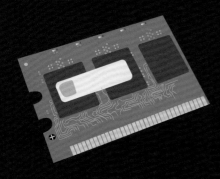

金价值昂贵，外表灿烂。在雄伟的布达拉宫里，有约20万尊金身佛像和8座灵塔。其中最气派的五世达赖的灵塔高达14.85米，塔身使用了约3.7吨黄金包裹，上面还镶有上万颗珠玉玛瑙。

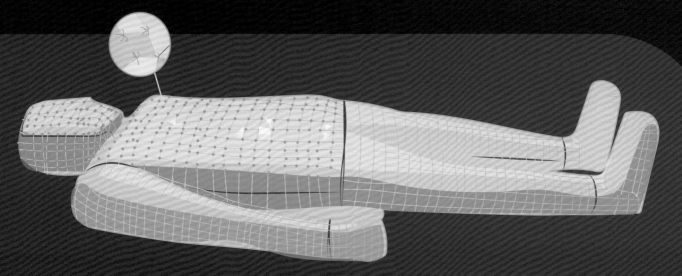

金是所有金属中延展性最好的，1克黄金最长可以拉成2400米长的细丝。在汉代，工匠们把玉片做成不同的大小和形状，再用金线穿在玉片中，连接成珍贵的金缕玉衣。金缕玉衣是汉代规格最高的丧葬殓服，只有皇帝和部分近臣死后才能穿上它。

NO. **47**

中文名　银
化学名　Ag
民　族　过渡元素
常居地　首饰
出生地　地底矿物

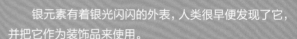

银元素有着银光闪闪的外表，人类很早便发现了它，并把它作为装饰品来使用。

公元前 334 年，马其顿王国皇帝亚历山大率领军队东征，征战 8 年，一路势如破竹地攻打到印度，士兵们却在那里备受疾病的折磨，东征被迫终止。但是，皇帝和军官们却很少生病。你知道这是为什么吗？

原来士兵的餐具都是用锡制造的，皇帝和军官们的餐具却是用银制造的，银在水中能分解出极微量的银离子，而银离子能杀死水中的细菌，所以使用银质餐具的皇帝和军官们更少生病。而更早的腓尼基人也曾经用银水壶来盛放水、酒和醋，来防止这些液体变质。

清代镶玉银壶

在运动场上，价值最高的金牌被授予第一名，第二名获得银牌，第三名获得铜牌。但其实，金牌并不是纯金制作的。国际奥委会规定，金牌中银的含量至少为 92.5%，再镀上至少 6 克金，只有银牌通常是用 100% 的银制作的，铜牌则使用 95% 的铜加上 5% 的锌或其他金属。但是，运动员在赛场内外的付出，远不是奖牌的价值能够衡量的。

2016 年里约奥运会上，银牌和铜牌分别使用了 30% 和 40% 的可回收材料，也就是从废旧镜子、X光片以及造币厂废料等废弃物中回收提炼的银和铜，而且奖牌绶带的制作材料也有约一半来自回收塑料瓶。这充分表现了"环保奥运"和可持续发展的理念，为后续的奥运会树立了榜样。

孤独灯光师——稀有气体

在元素王国的最东边，住着一群孤独的元素。它们远离王国其他族群，只喜欢安安静静地独自待着，不和别的族群讲话，甚至互相之间也不讲话。它们最大的乐趣，就是待在灯泡里，随着闪烁的灯光，安静地眺望远方。化学家们一开始认为它们很罕见，所以称它们为"稀有气体"，又因为它们懒得和其他元素发生反应，所以又叫它们"惰性气体"。

NO.**2**
中文名	氦（hài）
化学名	He
民　族	稀有气体
常居地	深海氧气瓶
出生地	空气

氦气是第二轻的气体，可以用来充气球。氦非常安静，遇到氧气也不会反应，所以氦气球比氢气球安全得多。氦气还可代替氮气，与氧气混合制成人造空气，供深海潜水员使用。和普通空气比较，氦氧混合气能使潜水员呼吸更顺畅，让潜水员在深海中停留更长时间。

NO.**10**
中文名	氖（nǎi）
化学名	Ne
民　族	稀有气体
常居地	霓虹灯
出生地	空气

氖本身是无色的，但是在通电的时候，能发出明亮的红橙色光。氦气也是无色的，通电时能发出淡红色光。氩气还是无色的，通电时却发出浅蓝色光。五光十色的霓虹灯就是依靠这些气体才发出绚烂色彩的。

氩气常被注入白炽灯灯泡内，因为氩气非常稳定，即使在高温下也不会与灯丝发生化学反应。在进行金属电弧焊接时，氩气也常被用作保护气体，防止焊接件受到空气中的氧气和氮气的干扰。稀有气体还能担任准分子激光器的工作物质。比如，在眼科手术中，氟化氩（ArF）准分子激光器就可以用来矫正近视者的视力。

准分子激光器

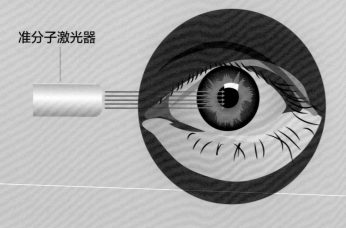

NO.**18**
中文名	氩（yà）
化学名	Ar
民　族	稀有气体
常居地	白炽灯
出生地	空气

NO. **36**

中文名　氪（kè）
化学名　Kr
民　族　稀有气体
常居地　荧光灯
出生地　空气

注入氪气的电灯泡会发出很明亮的白光，所以氪常用于制造荧光灯。飞机在夜晚要降落在跑道上，靠的就是氪灯的照明。除此之外，和氩一样，氪也被用在准分子激光器中。

漆黑夜晚的公路上，如果对面汽车的灯光照得你头晕目眩，那它一定是用上了氙气大灯。氙气大灯发出的是类似太阳光的蓝白光，能更好地帮助驾驶员看清路面和指示牌。

中文名　氙（xiān）
化学名　Xe
民　族　稀有气体
常居地　汽车大灯
出生地　空气

NO. **86**

中文名　氡（dōng）
化学名　Rn
民　族　稀有气体
常居地　天然大理石
出生地　天然大理石

天然大理石中，往往含有氡。在强烈地震前，地下水中氡含量会明显增加。所以，科学家可以通过监测地下水中氡含量的变化来预测地震。

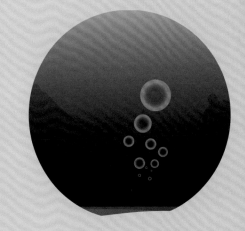

在我们身边的空气里，也含有极少量的稀有气体，但因为它们是无色的，所以我们看不见它们。在很长时间里，科学家们一直以为稀有气体是不和任何元素反应的，直到 1962 年，英国化学家巴特列特首次合成了氙和氟的化合物，才证明稀有气体也能和其他元素反应。随后，各种各样的稀有气体化合物层出不穷。2017 年，中国科学家首次合成了氦的化合物"氦化钠（Na₂He）"，这也是氦元素的第一种化合物。

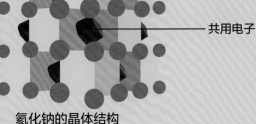

—— 钠原子
—— 氦原子

—— 共用电子

氦化钠的晶体结构

变身达人——天然放射性元素

在元素王国的南边，住着一群会变身魔法的元素。每过一段时间，这些元素就会释放出一些微粒或能量，从而变成另一种元素；这个过程叫"衰变"。在衰变过程中，该元素的原子核数目会逐渐减少。一半的原子核发生衰变所需要的时间叫作"半衰期"。每种放射性元素原子都有特定的半衰期，由几微秒到几百万年不等。

比如一堆钋原子，每过 138 天，它们就有一半衰变为铅原子，再过 138 天，剩下的钋原子又有一半衰变为铅原子，所以 138 天就是钋的半衰期。

通过计算这群变身达人的衰变时间，科学家能了解到很有趣的事情，比如地球的年龄。地底的岩石中含有一种铀原子，它有 92 个质子和 146 个中子，每过 44.68 亿年，就有一半的铀原子衰变为铅原子，所以科学家只要测定岩石中这种铀原子和铅原子的比例，就可以推算出地球的年龄了。

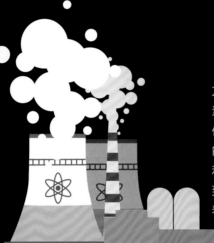

NO.92

中文名　铀（yóu）
化学名　U
民　族　锕系元素
常居地　核电站
出生地　地底矿物

从铀的发现之日起，它就充满了争议。一方面，作为制造原子弹的原料，许多人指责铀元素给人类带来了巨大的痛苦和恐惧；另一方面，作为核电站的燃料，铀元素又提供给人类大量的能源。其实无论是原子弹还是核电站，利用的都是铀裂变时释放的能量。铀到底是有益还是有害，归根结底要看人类怎么使用它。

NO.84

中文名　钋（pō）
化学名　Po
民　族　氧族元素
常居地　航天器
出生地　地底矿物

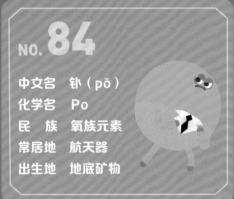

钋元素平时身穿银白色的礼服，有它在就不需要电灯了，因为它能在黑暗中闪闪发光。它是被科学家居里夫妇发现的，居里夫人用自己的祖国"波兰"为它命名。钋极为稀少、极为昂贵，其单质也极为致命，是世界上最毒的物质之一。

居里夫人

在居里研究所工作的女科学家佩里发现了钫（拉丁名 francium），她也用自己的祖国（法国，France）为它命名。钫非常不稳定，每 22 分钟就衰变一次，是自然界中第二少的元素。

NO.87

中文名　钫（fāng）
化学名　Fr
民　族　碱金属
常居地　核反应堆
出生地　核反应堆

镁是地壳中含量第三少的元素，在衰变过程中会产生一种锕元素，所以它可以算是锕的"祖先"了。它的拉丁名的含义就是"先于锕"。

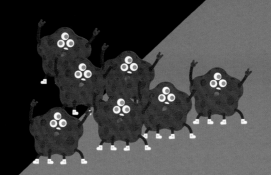

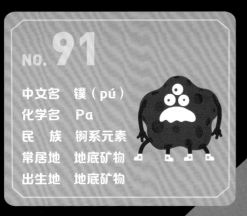

NO. 91

中文名　镤（pú）
化学名　Pa
民　族　锕系元素
常居地　地底矿物
出生地　地底矿物

在北欧神话中，有一位雷电与力量之神，总是拿着战锤英勇作战，他就是托尔（Thor）。巧合的是，这也是钍元素名字的来源。现实中，钍元素并不是提着战锤、横扫八方的勇士，而是待在核电站里默默释放能量的工程师。

NO. 90

中文名　钍（tǔ）
化学名　Th
民　族　锕系元素
常居地　核电站
出生地　地底矿物

嗨

NO. 89

中文名　锕（ā）
化学名　Ac
民　族　锕系元素
常居地　核电站
出生地　地底矿物

1898 年，居里夫妇发现了镭。镭能放射出 α 和 γ 两种射线。镭放出的射线能破坏、杀死细胞和细菌。现在，镭成了医生的好帮手。

锕是银白色的金属，在暗处能发出亮光，同时释放出能量。自然界中的锕非常罕见，且都由铀或钍元素逐步衰变而来。而锕自身也容易衰变成钫。

NO. 88

中文名　镭（léi）
化学名　Ra
民　族　碱土金属
常居地　医院
出生地　地底矿物

元素新生儿——人造元素

元素王国诞生于核聚变，核聚变能生成新的元素，这样的反应，至今仍在恒星的内部不停地发生着。那我们人类是不是也能模拟核聚变反应，制造出"人造元素"呢？没错，从 1937 年起，人类已经制造出锝、钷、氪等约 30 种"人造元素"。

与在地球上生活了几十亿年的天然元素相比，它们只能算元素王国里的新生儿。而且它们都不停地在衰变，有放射性。

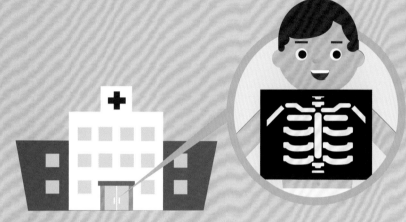

NO.43

中文名	锝（dé）
化学名	Tc
民　族	过渡元素
常居地	医院
出生地	⊡旋加速器

锝元素是第一种人造元素，也是最轻的放射性元素。它现在主要在医院的放射科工作。在人体中注入含锝的试剂，利用锝的辐射，就可以通过仪器清楚看见人体内脏器官和骨骼成像。

NO.61

中文名	钷（pǒ）
化学名	Pm
民　族	镧系元素
常居地	医院
出生地	⊡旋加速器

钷的名字来源于希腊神话中的英雄——普罗米修斯。钷具有放射发光的特性，把它掺在发光粉中，涂在飞机、军舰、坦克或车辆仪表盘的刻度和指针上，仪表盘在夜间就能发出幽幽的亮光，让数据一目了然。美国阿波罗登月舱中也曾使用了 125 个钷原子灯。钷还能用来制造成药片大小的原子电池，用在助听器、手表、心脏起搏器上。

砹是一种放射性元素，1940 年由塞格雷教授发现。砹的名字源自希腊文，原意为"不稳定"，因为它的所有同位素都不稳定、都会发生衰变，其中最稳定的一种砹的半衰期也只有 8.1 小时。严格来说，它在自然中也存在，但是因为它太不稳定，所以成了地壳中含量最少的元素，据科学家计算，地壳中天然砹的总含量还不到 30 克！

<30克

塞格雷教授

NO.85

中文名	砹（ài）
化学名	At
民　族	卤族元素
常居地	医院
出生地	⊡旋加速器

科学家究竟如何制造新元素呢？首先，他们需要建一个叫作"回旋加速器"的装置。这个装置的作用是将微观粒子，比如质子或其他原子核，加速到极高的速度，然后让这些高速运转的微粒像子弹一样轰击其他较重的原子核。原子核之间发生剧烈碰撞，有可能让它们融合在一起，从而触发核聚变，制造出新的元素。

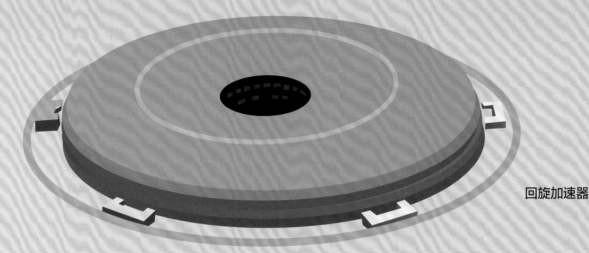

回旋加速器

回旋加速器不只能用来合成新元素、推进微观物理学研究，还能用于医学检查和治疗。有一种回旋加速器叫作"重离子加速器"，它可以把电离的碳离子加速到21万千米/秒左右，将这种高速碳离子瞄准肿瘤组织发射，碳离子将在穿过肿瘤组织时释放大量能量，精准杀死癌变细胞。与传统放疗技术中使用的X射线、γ射线等高能量射线相比，重离子疗法更不容易误伤正常细胞，副作用小得多。

中国已有多家提供重离子治疗的医院，同时中国科学院近代物理研究所也已研发出了具有自主知识产权的重离子治癌系统，预计将于2024年在武汉大学重离子医学中心投入使用，这将为众多癌症患者带来新的治疗希望。

你也许会想，元素王国还会搬进新的居民吗？老实说，这很困难。一方面，合成新元素需要实验仪器和实验技术的继续升级和提升；另一方面，人造元素也很不稳定，它们衰变的速度太快。当然，科学在不断地发展，也许你就是未来创造元素王国新成员的人。

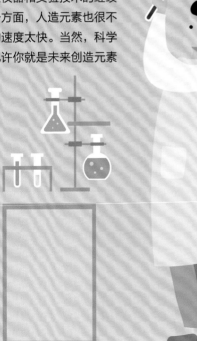

NO.94

中文名　钚（bù）
化学名　Pu
民　族　锕系元素
常居地　核燃料
出生地　核弹内部

1940年12月，钚原子首次被合成，后来科学家又发现自然界存在极少量的钚。钚能在一瞬间释放出狂暴的核裂变能量，那会产生极大的破坏力。二战中投在长崎的原子弹"胖子"的核心就是由钚元素制造的。但是现在钚有了新作用——释放热量来发电。

人体中的元素

人体中什么元素含量最多呢？

人体中有 11 种含量较多的常量元素，还有 40 多种含量较少的微量元素。

一个体重 25 千克的小朋友，体内各种元素的含量有多少呢？

氧 65% =16.25 千克 ≈

碳 18% =4.5 千克 ≈

氢 10% =2.5 千克 ≈

氮 3% =750 克 ≈

我们运动、学习甚至睡觉的时候，都需要营养素的支持，它们就像是我们身体的"建筑材料"和"燃料"，让我们更加强壮、聪明、健康。

营养素分为六大类，各有不同的本领：蛋白质帮助我们长身体；碳水化合物为我们提供能量；脂类帮我们维持体温，也让我们的皮肤光滑；维生素和无机盐让我们保持健康；作为"生命之源"的水，则有很多能耐，比如调节体温、帮助代谢、运输营养物质等，并且它还是构成细胞的主要成分。不同的食物中，营养素的种类和含量不同，所以，我们应该每天吃多样化、均衡搭配的食物，尽量不要挑食。

—— 头发的主要成分是蛋白质。

—— 皮肤的主要成分是蛋白质、脂类和水。

坚硬的牙齿的主要成分是钙、磷等元素组成的无机盐。

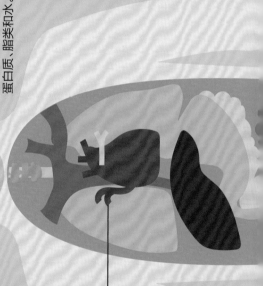

血液主要由血细胞和血浆组成，血细胞包括红细胞、白细胞和血小板。鲜红的血液是动脉血，暗红的血液是静脉血，动脉血中富含氧气。

六大营养素

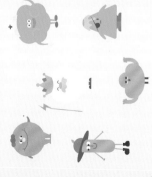

蛋白质、维生素

碳、氢、氧、氮、磷、硫

脂类、碳水化合物

碳、氢、氧

无机盐

钠、钾、锌、钙、铁、铜……

水

氢、氧

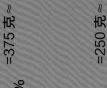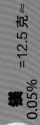

钙 1.5% ≈ =375克

磷 1% ≈ =250克

钾 0.35% ≈ =87.5克

硫 0.25% ≈ =62.5克

钠 0.15% ≈ =37.5克

氯 0.15% ≈ =37.5克

镁 0.05% ≈ =12.5克

其余 0.55% =137.5克

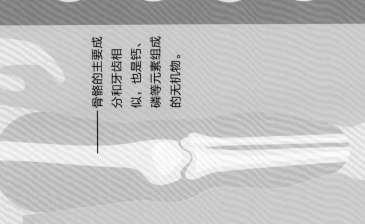

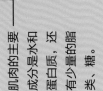

骨骼的主要成分和牙齿相似，也是钙、磷等元素组成的无机物。

汗液的主要成分是水，还有少量的盐、乳酸和尿素等。

肌肉的主要成分是水和蛋白质，还有少量的脂类、糖。

蛋白质 + 脂类 + 无机盐 + 维生素

碳水化合物 + 无机盐 + 维生素

维生素 + 无机盐 + 水

水 + 维生素 + 无机盐 + 碳水化合物（主要是糖）

海洋里的元素

地球上海洋总面积约为 3.6 亿平方千米，约占地球表面积的 71%，所以有人也把地球叫作"大水球"。海洋中含有约 13.5 亿立方千米的水，约占地球上总水量的 97%。海洋中生物的种类与数量都非常丰富，目前已知的海洋生物至少有 20 万种，还有更多的人类尚未发现的物种。

船：钢铁船身，嵌有锌块。主要组成元素：铁、锌。

鲨鱼几乎不会得癌症，因为它的体内含有抗肿瘤的多肽和蛋白质。多肽和蛋白质的主要组成元素：碳、氢、氧、氮。

海水中有 80 多种元素，除了构成水的氢和氧以外，还有氯、钠、硫、镁、钙、钾等。海水咸的原因是含有氯化钠，海水苦的原因是含有氯化镁（$MgCl_2$）。

鮟鱇鱼之所以会发光，是因为它的"小灯笼"里的发光细菌会分泌荧光素酶，在荧光素酶的催化下，一些生物分子与氧分子进行缓慢的氧化反应，这个过程会释放出蓝绿色的光。生物分子和荧光素酶的主要组成元素：碳、氢、氧。

蓝环章鱼是一种美丽而剧毒的海洋生物，它主要的毒性来自体内的神经毒素，毒素主要含有碳、氢、氧、氮元素。

贝壳和珍珠的主要成分是碳酸钙，和大理石、钟乳石、鸡蛋壳类似，组成元素：钙、碳、氧。

空气是混合物，按体积分数计算，由 78% 的氮气、21% 的氧气、0.94% 的稀有气体、0.03% 的二氧化碳和 0.03% 的其他物质组成。

海龟的龟壳很硬，因为其主要成分是碳酸钙。

水母身体中 97% 的成分是水，其余主要为蛋白质和糖类，组成元素：氢、氧、碳。为什么许多水母会发光呢？因为水母体内的一种蛋白质遇上钙离子就会发生化学反应，反应过程中会发出较强的蓝光。

巨大的抹香鲸主要以大王乌贼和章鱼为食。大王乌贼和章鱼的口器有坚硬的角质，既不容易消化，又可能会划伤抹香鲸的肠道，所以抹香鲸的肠道就会分泌出一种特殊的蜡状物，包裹住这些难以消化的食物残渣，一段时间后残渣会被排出体外。这种排泄物在海水中经过长时间的浸泡，会散发出持久而浓郁的香气，人称"龙涎香"，它是调制香水的高级材料。组成龙涎香的主要元素为：碳、氢、氧。

珊瑚的主要成分也是碳酸钙。

陆地上的元素

陆地上最丰富、最独特的生态系统是热带雨林。尽管热带雨林只占陆地面积的 7% 左右，但地球上超过一半的动植物生活在热带雨林中，热带雨林可以说是地球上最宝贵的资源之一。

热带雨林中植物极其繁盛，它们的光合作用能制造大量的氧气，供给生物呼吸。仅亚马孙热带雨林产生的氧气就占全球氧气供给总量的 20% 左右，所以亚马孙热带雨林也被叫作"地球之肺"。

光合作用是植物、藻类、某些细菌利用阳光的能量把二氧化碳、水变成有机物（主要是碳水化合物）并释放出氧气的过程。植物的光合作用反应式为：

$$6CO_2 + 6H_2O \xrightarrow{\text{阳光}} C_6H_{12}O_6（葡萄糖）+ 6O_2$$

动物，包括人的主要组成元素是氧、碳、氢、氮、钙、磷、钾、硫等。碳元素在生命化学中扮演着关键角色，它构成了动植物细胞以及蛋白质、DNA、脂类、碳水化合物等复杂生命分子的基本骨架，因此地球上的生命也被称为"碳基生命"。

数千种热带雨林植物是现代药物的原材料，所以热带雨林被称为"世界上最大的药房"。植物体中除了水，最多的成分是纤维素。纤维素的主要组成元素是碳、氢和氧。